FRIEDERIKE FRIEDEL

HUNDEKEKSE BACKEN

DIE BELIEBTESTEN LECKEREIEN VON DOG'S DELI

W0272325

HEEL

IMPRESSUM

HEEL Verlag GmbH
Gut Pottscheidt
53639 Königswinter
Telefon: 0 22 23/92 30-0
Telefax: 0 22 23/92 30-13
Internet: www.heel-verlag.de
E-mail: info@heel-verlag.de

© 2010 HEEL Verlag GmbH, Königswinter

Alle Rechte, auch die des Nachdrucks, der Wiedergabe in jeder Form und der Übersetzung in andere Sprachen, behält sich der Herausgeber vor. Es ist ohne schriftliche Genehmigung des Verlages nicht erlaubt, das Buch und Teile daraus auf fotomechanischem Weg zu vervielfältigen oder unter Verwendung elektronischer bzw. mechanischer Systeme zu speichern, systematisch auszuwerten oder zu verbreiten.

Text: Friederike Friedel
Fotos: Thomas Schultze
Satz und Gestaltung: Claudia Renierkens, renierkens kommunikations-design, Köln

Redaktion: Vera Brunn
Lektorat: Petra Hundacker

Dieses Backbuch wurde nach bestem Wissen und Gewissen verfasst. Weder der Verlag noch die Autorin tragen die Verantwortung für ungewollte Reaktionen oder Beeinträchtigung, die aus der Verarbeitung der Zutaten entstehen. Die Rezepte dürfen für eine gewerbliche Nutzung nicht verwendet werden.

Printed in China

– Alle Angaben ohne Gewähr –

ISBN: 978-3-86852-320-1

DELIKATESSEN
FÜR IHREN
HUND

DOG'S DELI

Wild Hearts
DOG'S DELI

INHALTSVERZEICHNIS

DAS BESTE VON DOG'S DELI
Mmhhh, köstlich! 6

KAPITEL 1
WARTE MAL!
Rezepte zum Beschäftigen 10
Amarettini (12) · Fitness-Keks (14)
Erdnussstrudel (16) · Gustavs Liebling (18)
Valentinas Herzen (20) · Rote Cantuccini (22)

KAPITEL 2
DU BIST DER BESTE HUND!
Rezepte zum Verwöhnen 24
Geburtstags-Muffins (26)
DOG'S DELIs Apfel-Leberwurst (28)
Knäcke (30) · Fisch Ahoi (32) · Bananas (34)
Apfel-Zimt-Schnecke (36)

KAPITEL 3
AUFGEPASST!
Rezepte zum Trainieren 38
Knochenarbeit (40) · Käsesticks (42)
Nüssli (44) · Thunfischknäcke (46)
Bills Best (48) · Rübli-Ecken (50)

KAPITEL 4
BLEIB GESUND!
Rezepte ohne Weizen 52
Indians (54) · Soja-Crunchies (56) · Fresh (58)
Crossies (60) · Himmel und Erde (62)
Kartoffelchips mit Parmesan (64)

KAPITEL 5
HEISS!
Rezepte für den Fressnapf 66
Frittata (68) · Rinderschmaus (70)
Lachsschmaus (72) · Hühnchenschmaus (74)
Quark mit frischen Früchten (76)

Danke 78

DOG'S DELI by ¡ Clodiá !

THE KING

für den besten Freund der Obdachlosen.
und

DAS BESTE VON DOG'S DELI! MMHHH, KÖSTLICH!

Das duftet aber bei DOG'S DELI! Das ist meist der erste Satz von neuen Kunden bei uns im Geschäft. Und das ist eigentlich kein Wunder. Denn wir verwenden in unserer Backstube ausschließlich Lebensmittel, die Sie kennen. Wir backen ohne Zucker, ohne Aromen und selbstverständlich ohne Konservierungsmittel. Wenn Sie mögen, probieren Sie einen Keks auch mal selbst, denn sie schmecken nicht einmal schlecht. Vielleicht ein wenig gesund, so der Kommentar mancher Zweibeiner.

Einige Kunden haben uns von ihren eigenen Backversuchen berichtet, ihre Rezepte verraten und uns beim Backen über die Schulter geschaut. Und so haben wir dann die ersten beiden Backbücher geschrieben. Vielen Dank für die unzähligen Reaktionen, viel Lob und die Verbesserungsvorschläge. Fotos aus Singapur, Australien, der Schweiz, von Hunden vor dem Backofen, auf der Couch, mit einer Platte mit Muffins und vieles mehr haben Sie uns geschickt. Ach ja, und es gibt tatsächlich mehrere Hunde aus einem X-Wurf, das nur ergänzend zum ABC im ersten Buch.

Und das ist nun der beste Anlass, 29 Rezepte aus den ersten beiden Büchern zu einem „Best of" zusammenzufassen. Witzige Ausstechformen in Hundeoptik und ein schönes Leckerchen-Säckchen im DOG'S DELI-Stil legen wir dem Buch bei, damit Sie direkt mit dem Backen starten können und die köstlichen Leckerlis auch unterwegs stets griffbereit haben.

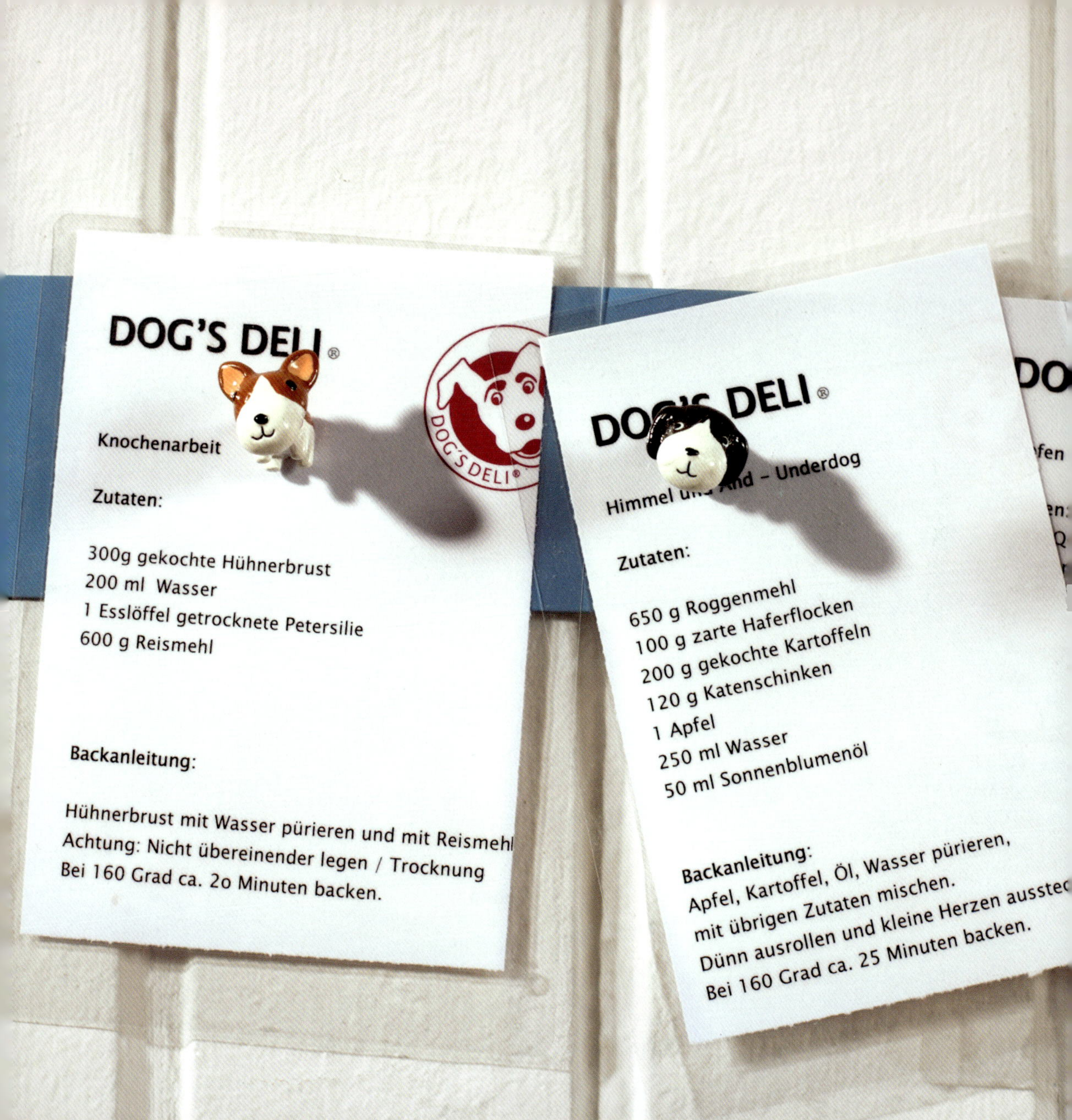
DOG'S DELI®
DOG'S DELI®
Knochenarbeit
Zutaten:
300g gekochte Hühnerbrust
200 ml Wasser
1 Esslöffel getrocknete Petersilie
600 g Reismehl
Backanleitung:
Hühnerbrust mit Wasser pürieren und mit Reismehl
Achtung: Nicht übereinender legen / Trocknung
Bei 160 Grad ca. 2o Minuten backen.
DELI®
Himmel
– Underdog
Zutaten:
650 g Roggenmehl
100 g zarte Haferflocken
200 g gekochte Kartoffeln
120 g Katenschinken
1 Apfel
250 ml Wasser
50 ml Sonnenblumenöl
Backanleitung:
Apfel, Kartoffel, Öl, Wasser pürieren,
mit übrigen Zutaten mischen.
Dünn ausrollen und kleine Herzen
Bei 160 Grad ca. 25 Minuten backen.

Sie werden sehen, Backen und Kochen für Hunde ist ganz einfach und macht viel Spaß. Die Zutaten finden Sie in Ihrem Supermarkt und Sie benötigen keine Profi-Küchengeräte. Die Rezepte sind so kalkuliert, dass Sie ca. 250 Gramm Kekse erhalten, also eine Zwei-Wochen-Ration für einen großen Hund, wie DOG'S DELIs Labrador Billy.

Und manchmal müssen Sie die Backtemperatur oder Backdauer etwas erhöhen, je nach Beschaffenheit Ihres Ofens. Verändern Sie diese erst einmal um 10 Grad oder um 3 Minuten. Seien Sie mutig: Die Kekse werden schlechtesten Falls etwas härter, und das macht Ihrem Hund nicht so viel aus.

Sie können Ihre Leckerchen auch portionsweise einfrieren und erst nach und nach auftauen. Dann haben Sie immer einen Vorrat gesunder Köstlichkeiten zu Hause. Ach ja, vergessen Sie nicht, dass Ihre Kekse für Ihren Hund etwas Besonderes bleiben sollen. Billy frisst am Tag maximal sechs Stück. Zumindest versuchen wir, uns daran zu halten. Aber bei diesem treuen Blick.

Und wie Sie einige unserer beliebten Leckerchen nachbacken können, verraten wir Ihnen jetzt.

Viel Vergnügen beim Backen!
Ihr DOG'S DELI Team

LMN
Billy

WARTE MAL! REZEPTE ZUM BESCHÄFTIGEN

Die zweite Frage eines neuen Kunden im Düsseldorfer Geschäft ist meist: Und wo ist Billy? Ja, er ist schon fast ein wenig prominent. Und das weiß er auch, so ist zumindest mein Eindruck. Er liebt es, mit im Geschäft zu sein. Viel Besuch, viele Kekse, das ist großartig!

Der Montag hingegen ist für Billy immer ein sehr langweiliger Tag. DOG'S DELI ist geschlossen, also viel Zeit für Einkäufe, Termine und Büroarbeit, leider ohne Hundefreunde. Schlafen, warten, schlafen, na ja, nicht gerade ein Traumtag für einen Labrador. Billy wartet dann geduldig im Auto vor dem Supermarkt oder liegt unter dem Schreibtisch im Büro. Und wenn er mal alleine zu Hause bleiben muss, bekommt er immer ein besonders köstliches Rinderohr oder eine Karotte. Manchmal verstecken wir für ihn auch Kekse in der Wohnung hinter dem Sofa, unter der Kommode oder auf einem Stuhl. Ein schönes Suchspiel für verregnete Tage. Und Nasenarbeit erfordert höchste Konzentration und macht auch müde.

Leckerchen verkürzen Billy die Wartezeit, bringen Abwechslung und beschäftigen ihn. Seine Lieblingskekse sind die Amarettini. Die sind in Seidenpapier eingewickelt und müssen erst mal ausgepackt werden.

Probieren Sie es aus. Sie werden erstaunt sein, wie geschickt Ihr Hund ist.

AMARETTINI

Zutaten	So geht's
250 g Roggenmehl 50 g gemahlene Haselnüsse 50 g gemahlene Mandeln 125 g Quark (20 %) 1 Esslöffel Honig 50 ml Sonnenblumenöl ca. 75 ml warmes Wasser	1 Backofen auf 150 °C (Umluft) vorheizen und Backblech mit Backpapier auslegen. 2 Roggenmehl, Haselnüsse und Mandeln abwiegen und vermischen. 3 Quark, Honig, Sonnenblumenöl und Wasser hinzufügen. 4 Alles gut verrühren und Kugeln mit ca. 2 cm Durchmesser formen. 5 Mit einem Messer die Kugeln halbieren und auf das Backblech legen. 6 Bei 150 °C ca. 20 Minuten backen. 7 Amarettini auskühlen lassen. 8 Aus dem Seidenpapier Quadrate (ca. 10 x 10 cm) ausschneiden und die Kekse einzeln einwickeln.
Utensilien	
Ein Bogen Seidenpapier	

TIPP Das Wasser erst zum Schluss nach und nach dazugeben. Sollte der Teig zu klebrig sein, etwas Roggenmehl hinzufügen.

Billy liebt es, die Amarettini selbst auszupacken. Und erstaunlicherweise frisst er auch nur den Keks. Das Seidenpapier zerfetzt er im Anschluss mit großem Vergnügen.

Zum ersten Mal gebacken am:

FITNESS-KEKS

Zutaten	So geht's
300 g Weizenmehl $^1/_2$ Apfel 150 g Fenchel 150 g fettarmer Joghurt 1 Esslöffel Honig 1 Teelöffel Sesam ca. 200 ml Wasser	1 Backofen auf 160 °C (Umluft) vorheizen und das Backblech mit Backpapier auslegen. 2 Das Weizenmehl abwiegen. 3 Den Fenchel putzen, klein schneiden und mit dem Wasser im Kochtopf ca. 10 Minuten weich kochen. 4 Den Apfel mit Schale halbieren, mit dem abgekühlten Fenchel und der Brühe pürieren. 5 Joghurt, Honig und Sesam mit den übrigen Zutaten mit einem Handmixer oder einer Küchenmaschine zu einem glatten Teig verrühren. Eventuell etwas Mehl hinzufügen, sodass der Teig nicht klebt. 6 Den Teig auf einer bemehlten Arbeitsfläche ca. 5 mm dick ausrollen und mit einer Ausstechform Äpfel ausstechen. 7 Die Kekse auf das Backblech legen und bei 160 °C ca. 20 Minuten backen.
Utensilien	
Kochtopf, Stabmixer, Teigrolle, Apfel-Ausstechform	

TIPP Der Fitness-Keks hat nur 2,4 % Fett. Also in Maßen gefüttert ein echter Light-Cookie.

Variante Manche Hunde finden vegetarische Kekse langweilig. Fügen Sie 100 g Putenbrust hinzu, die Sie vorher ebenfalls kochen und pürieren sollten.

Zum ersten Mal gebacken am:

Mikro-Döft

ERDNUSSSTRUDEL

Zutaten	So geht's
Heller Teig: 250 g Weizenmehl 25 ml Sonnenblumenöl ca. 150 ml Wasser **Dunkler Teig:** 200 g Weizenmehl 100 g gemahlene Erdnüsse 1 Esslöffel Ahornsirup 25 ml Sonnenblumenöl ca. 100 ml Wasser	**1** Backofen auf 160 °C (Umluft) vorheizen und Backblech mit Backpapier auslegen. **2** Weizenmehl, Erdnüsse für den hellen und dunklen Teig abwiegen und in zwei Schüsseln separat vermischen. **3** Jeweils Sonnenblumenöl, Ahornsirup und Wasser hinzufügen. **4** Alles mit dem Handmixer oder der Küchenmaschine zu glatten Teigen verrühren. **5** Den hellen und den dunklen Teig je ca. 2 mm dick ausrollen und beide Teigplatten aufeinanderlegen. **6** Schneiden Sie mit einem scharfen Messer ca. 1 cm breite und 3 cm lange Streifen. **7** Rollen Sie die Teigstreifen zu kleinen Schnecken und legen Sie diese auf das Backblech. **8** Bei 160 °C ca. 25 Minuten backen.
Utensilien	
Teigrolle	

Variante Anstelle von Ahornsirup können Sie auch Honig verwenden, Haselnüsse oder Walnüsse sind eine Variante zu Erdnüssen.

Billy hat seine ersten Stunden im Freien mit seinen Geschwistern und seiner Mutter auf einer Wiese unter einem Walnussbaum verbracht. Fee, so heißt seine schöne Mutter, hat ihren Welpen frische Walnüsse im Maul geknackt. Daher vermutlich Billys große Vorliebe für Walnüsse.

Zum ersten Mal gebacken am:

GUSTAVS LIEBLING

Zutaten	So geht's
325 g Vollkornweizenmehl 125 g zarte Haferflocken 60 g Gänseschmalz 1 Apfel 1 Teelöffel getrockneter Thymian ca. 250 ml warmes Wasser	1 Backofen auf 160 °C (Umluft) vorheizen und Backblech mit Backpapier auslegen. 2 Das Vollkornweizenmehl und Haferflocken abwiegen und vermischen. 3 Den Apfel mit Schale vierteln und mit dem Wasser pürieren. 4 Den pürierten Apfel, das Gänseschmalz und den Thymian zu der Mehlmischung hinzufügen. 5 Alles mit einem Handmixer oder einer Küchenmaschine zu einem glatten Teig verrühren. 6 Den Teig auf einer bemehlten Arbeitsfläche ca. 5 mm dick ausrollen und mit einer Ausstechform Gänse ausstechen. 7 Die Kekse auf das Backblech legen und bei 160 °C ca. 20 Minuten backen.
Utensilien	
Teigrolle, Handstabmixer, Gans-Ausstechform	

TIPP Außergewöhnliche Ausstechformen erhalten Sie in gut sortierten Haushaltsgeschäften oder bei Anbietern im Internet.

Variante Marktübliches Gänseschmalz enthält immer anteilig Schweineschmalz. Manche Hundebesitzer füttern prinzipiell keine Produkte vom Schwein. Sie können das Gänseschmalz auch durch Sonnenblumenöl ersetzen.

Zum ersten Mal gebacken am:

DOG'S DELI®
.dogsdeli.de

VALENTINAS HERZEN

Zutaten	So geht's
250 g Weizenmehl 100 g Haferkleie 100 g frische Himbeeren 1 Esslöffel Honig Mark einer Vanilleschote 25 ml Sonnenblumenöl ca. 200 ml warmes Wasser	1 Backofen auf 150 °C (Umluft) vorheizen und Backblech mit Backpapier auslegen. 2 Weizenmehl und Haferkleie abwiegen und vermischen. 3 Vanilleschote längs aufschneiden, das Mark herauskratzen und zum Mehl geben. 4 Die gewaschenen Himbeeren, den Honig, das Sonnenblumenöl und das Wasser nach und nach hinzufügen. 5 Alles mit einem Handmixer oder einer Küchenmaschine zu einem glatten Teig verrühren. 6 Den Teig auf einer bemehlten Arbeitsfläche ca. 5 mm dick ausrollen und mit einer Ausstechform Herzen ausstechen. 7 Die Kekse auf das Backblech legen. 8 Bei 150 °C ca. 25 Minuten backen.
Utensilien	
Teigrolle, Herz-Ausstechform	

TIPP Sie können auch tiefgefrorene Himbeeren verwenden. Lassen Sie die Beeren in einer kleinen Schüssel auftauen. Reduzieren Sie die Wassermenge im Rezept und geben Sie stattdessen den Beerensaft hinzu.

Zum ersten Mal gebacken am:

ANTUCCINI

ROTE CANTUCCINI

Zutaten	So geht's
200 g Weizenmehl 100 g Hartweizengrieß 50 g grobe Haferflocken 100 g gemahlene Haselnüsse 1 gestrichener Teelöffel Backpulver ca. 100 g frische Rote Beete 25 ml Sonnenblumenöl ca. 225 ml Wasser	**1** Backofen auf 160 °C (Umluft) vorheizen und Backblech mit Backpapier auslegen. **2** Die Rote Beete schälen, in Stücke schneiden und in Wasser ca. 40 Minuten weich kochen und abkühlen lassen. **3** Die Rote Beete mit dem Wasser pürieren. **4** Weizenmehl, Hartweizengrieß und Haferflocken abwiegen und mit dem Backpulver vermischen. **5** Die Rote Beete und das Sonnenblumenöl hinzufügen. **6** Alles mit einem Handmixer oder einer Küchenmaschine zu einem glatten Teig verrühren. **7** Den Teig auf einer bemehlten Arbeitsfläche 1 cm dick ausrollen. 1 cm breite Streifen schneiden und jeweils zu einer Rolle formen. **8** Mit einem Messer 5 mm dicke Scheiben schneiden und auf das Backblech legen. **9** Bei 160 °C ca. 20 Minuten backen.
Utensilien	
Kochtopf, Handstabmixer, Teigrolle	

TIPP Wenn es mal schnell gehen soll, kaufen Sie fertig gegarte Rote Beete. Sie finden Sie im Kühlregal im Supermarkt.

Zum ersten Mal gebacken am:

Emily

DU BIST DER BESTE HUND! REZEPTE ZUM VERWÖHNEN

Ohne Billy gäbe es DOG'S DELI nicht. Das ist klar. Wer hätte gedacht, dass Billy mal so einen spannenden Alltag als Vorkoster einer Hundekeksbäckerei haben wird? Eine Journalistin hat sogar behauptet, Billy hätte den Traumjob aller Düsseldorfer Hunde. Ob er das weiß? Ich glaube schon. Aber Sie sind sich bestimmt auch sicher: Ihr Hund ist der Beste. Das ist auch gut so.

Und wie jeder Hund, der an seinem Geburtstag DOG'S DELI besucht, bekommt auch Billy dann einen Muffin geschenkt. Eine Torte haben wir noch nie für ihn gebacken. Vermutlich würde er sie in fünf Minuten verschlingen, einmal aufstoßen und uns dann fragend anschauen: Und jetzt? Also empfehlen wir immer, statt Torten Aufmerksamkeit und Zeit zu verschenken. Machen Sie mit Ihrem Hund einen besonders langen und abwechslungsreichen Spaziergang, spielen Sie mit ihm und verwöhnen Sie ihn mit einigen seiner Lieblingskekse. Dann haben Sie auch alle etwas von seinem Ehrentag. Schließlich haben Sie Ihren Hund ja groß gezogen. Feiern Sie gemeinsam und backen Sie für ihn unsere Geburtstags-Muffins.

Wenn Sie bei Freunden eingeladen sind und auch dort ein Hund zu Hause ist, dann bringen Sie eine Tüte mit Ihren eigenen selbstgebackenen Keksen mit. Sie können sicher sein, dass Sie viele bewundernde Blicke ernten und einen neuen vierbeinigen Freund dazu gewinnen.

GEBURTSTAGS-MUFFINS

Zutaten	So geht's
150 g Weizenmehl 150 g Roggenmehl 100 g geraspelter Emmentaler 3 Eier 1 gestrichener Teelöffel Backpulver 150 ml fettarme Milch 50 ml Sonnenblumenöl	1 Backofen auf 175 °C (Umluft) vorheizen und die Muffinform mit ein wenig Sonnenblumenöl bestreichen. 2 Weizen- und Roggenmehl abwiegen und mit dem Backpulver vermischen. 3 Emmentaler abwiegen, mit den Eiern, der Milch und dem Sonnenblumenöl zum Mehl geben. 4 Alles gut verrühren und den Teig mit einem Esslöffel in der Muffinform verteilen. 5 Bei 175 °C ca. 20 Minuten backen. Stechen Sie mit einem Zahnstocher in einen Muffin. Klebt noch ein bisschen Teig daran, backen Sie die Muffins noch einige Minuten weiter.
Utensilien	
Muffinform, Esslöffel	

TIPP Wir verwenden Muffinförmchen aus Silikon. Sie lassen sich sehr gut reinigen und nehmen nicht so viel Platz im Schrank ein.

Muffins werden besonders von Hundesenioren geliebt, weil sie weich sind. Da ist es dann nicht so schlimm, wenn schon einige Zähne fehlen.

Zum ersten Mal gebacken am:

DOG'S DELIS APFEL-LEBERWURST

Zutaten	So geht's
200 g Geflügelleber 50 g fetter Speck 1/2 Apfel	1 Den Speck in dünne Scheiben schneiden. 2 Bei geringer Hitze den Speck in einer beschichteten Pfanne auslassen, d. h. den Speck glasig braten. 3 Die Geflügelleber hinzugeben und ca. 5 Minuten durchbraten. 4 Den Speck, die Geflügelleber und das Fett in eine kleine Schüssel geben und 10 Minuten abkühlen lassen. 5 Den Apfel waschen, halbieren, in kleine Stücke schneiden und zu der Leber geben. 6 Alle Zutaten mit einem Stabmixer pürieren, mit Frischhaltefolie abdecken und im Kühlschrank kalt stellen.
Utensilien	
Pfanne, Stabmixer, Schneidebrett und Messer	

Äpfel enthalten Pektin, das antibakteriell wirkt und dazu beiträgt, den Darm zu reinigen.

Billy würde am liebsten die ganze Portion auf einmal fressen. Aber nein, dazu ist Leberwurst zu fett. Am besten auf fünf Portionen aufteilen. Die Leberwurst ist im Kühlschrank ca. sieben Tage haltbar.

Zum ersten Mal gekocht am:

KNÄCKE

Zutaten	So geht's
300 g Dinkelmehl 1/2 Tüte Trockenhefe 1 Teelöffel getrockneter Thymian 25 ml Sonnenblumenöl ca. 300 ml lauwarmes Wasser	1 Backofen auf 160 °C (Umluft) vorheizen und das Backblech mit Backpapier auslegen. 2 Dinkelmehl abwiegen und mit Trockenhefe vermischen. 3 Das Sonnenblumenöl, den Thymian und das Wasser zu dem Mehl geben. 4 Alles mit einem Handmixer oder einer Küchenmaschine zu einem glatten Teig kneten. 5 Den Teig mit ein wenig Dinkelmehl zurück in die Schüssel geben, mit einem Geschirrtuch abdecken und 10 Minuten ruhen lassen. 6 Anschließend kneten Sie den Teig kräftig durch und rollen ihn auf einer bemehlten Arbeitsfläche ca. 5 mm dick aus. 7 Mit der umgekehrten Schüssel Kekse ausstechen und mit dem kleinen Ausstecher Kreise in der Mitte ausstechen. 8 Die Kekse auf das Backblech legen und mit der Gabel einpieksen. So entstehen beim Backen keine Luftblasen in dem Knäcke. 9 Die Kekse auf das Backblech legen und bei 160 °C ca. 20 Minuten backen.
Utensilien	
Schüssel mit ca. 10 cm Durchmesser, runde Ausstechform, Gabel	

Dinkel ist die Urform des Weizens und oft für Weizenallergiker eine gute Alternative.

Zum ersten Mal gebacken am:

YAKUOJI-CHO
NIJUKKI-CHO
WADA-CHO
KAGA-CHO
SADOHARA-CHO
TEISHIN HOSP.
HOSEI UNIV.
TAKASHO-MACHI
KUDAN-KITA
KUDANSHITA
JINBO-CHO
JIMBOCHO
Yasukunidori
YASUKUNI SHRINE
KUDAM-MINAMI
HITOTSUBASHI
IGHIGAYA-HONMURA-CHO
DEFENSE STATIONING LAND UNITS
Sotoboridori Av
Gaienhigashidori Av
AKEBONOCHO
Yasukunidori Av
KUDAM-MINAMI
Uchiboridori Av
NIPPON BUDOKAN HALL
KITANOMARU PARK
SCIENCE MUSEUM
ICHIGAYA
SAKA-MACHI
SANBAN-CHO
NATIONAL MUSEUM OF MODERN ART
TAKEBASHI
Uchiboridori Av
ARAKI-CHO
TOKYO
GOBAN-CHO
Expwy Loop Line
YONBAN-CHO
INUIMON GATE
KITAHANEBASHIMON GATE
HIRAKAWAMON GATE
SAN-EI-CHO
YOTSUYA-3
HONSHIO-CHO
MARUNOUCHI LINE
ICHIBAN-CHO
ROKUBAN-CHO
CHIYODA-KU
IMPERIAL PALACE EAST GARDEN
NINOMARU GARDEN
SAMON-CHO
NIBAN-CHO
FUKIAGE GARDEN
OTEMON GATE
YOTSUYA
KOJI-MACHI
HANZOMON
KOJIMACHI
Shinjukudori Av
KIKYOMON GATE
WAKABA-CHO
SOPHIA UNIVERSITY
HANZOMON GATE
IMPERIAL HOUSEHOLD AGENCY
HAYABUSA-CHO
IMPERIAL PALACE
NANO-MACHI
HIRAKAWA-CHO
NEW PALACE
SAKASHITAMON GATE
KIOI-CHO
NATIONAL THEATER OF JAPAN
IMPERIAL PALACE PLAZA
NOGIZAKA
AOYAMA
DEFENSE AGENCY
HALL
OKURA MUSEUM OF ANTIQUES
SHIMBASHI
TOKYO UNIVERSITY RESEARCH CENTER
MINATO-KU
CEMETERY
SHIMBASHI
ROPPONGI
ATAGO-CHO
KAMIYACHO
ROPPONGI
HIBAYA LINE
TOEI MITA LINE
ONARIMON
SHIODOME

FISCH AHOI

Zutaten	So geht's
250 g Weizenmehl 100 g feine Haferflocken 50 g Polenta 100 g Seelachsfilet 1 Ei 50 ml Rapsöl ca. 300 ml Wasser	1 Backofen auf 150 °C (Umluft) vorheizen und das Backblech mit Backpapier auslegen. 2 Weizenmehl, Haferflocken und Polenta abwiegen und vermischen. 3 Seelachsfilet in Wasser 10 Minuten kochen und abkühlen lassen. 4 Fisch mit dem Wasser mit einem Stabmixer pürieren. 5 Das Ei und das Rapsöl mit den übrigen Zutaten vermischen und zu einem glatten Teig verrühren. Ist der Teig zu klebrig, ein wenig Mehl hinzugeben. 6 Den Teig auf einer bemehlten Arbeitsfläche ca. 3 mm dick ausrollen und mit einer Ausstechform Fische ausstechen. 7 Die Kekse auf das Backblech legen und bei 150 °C ca. 20 Minuten backen.
Utensilien	
Teigrolle, Fisch-Ausstechform, Kochtopf, Stabmixer	

TIPP Sie können tiefgefrorenen Fisch verwenden. Nehmen Sie ihn einen Tag vorher aus dem Tiefkühlfach und lassen Sie ihn im Kühlschrank auftauen.

Billy liebt Fisch sehr. Er darf ab und zu einen Schwanz von einem Hering oder einer Makrele naschen.

Zum ersten Mal gebacken am:

DOG'S DELI

BANANAS

Zutaten	So geht's
100 g Roggenmehl 200 g Hartweizengrieß 50 g gemahlene Haselnüsse 1 Ei 1 Banane Mark einer Vanilleschote 50 ml Sonnenblumenöl	1 Backofen auf 160 °C (Umluft) vorheizen und das Backblech mit Backpapier auslegen. 2 Roggenmehl, Hartweizengrieß und Haselnüsse abwiegen und vermischen. 3 Vanilleschote längs aufschneiden, das Mark herauskratzen und zu dem Mehl geben. 4 Banane, Ei und das Sonnenblumenöl mit einem Stabmixer pürieren. 5 Alle Zutaten mit einer Küchenmaschine zu einem glatten Teig verrühren. 6 Den Teig auf einer bemehlten Arbeitsfläche ca. 3 mm dick ausrollen und Knochen ausstechen. 7 Die Kekse auf das Backblech legen. 8 Bei 160 °C ca. 20 Minuten backen und mindestens 1 Stunde auskühlen lassen.
Utensilien	
Teigrolle, Ausstechform, Stabmixer	

TIPP Das Wasser erst zum Schluss nach und nach dazugeben. Sollte der Teig zu klebrig sein, etwas Roggenmehl hinzufügen.

Kinder lieben diesen Keks auch. Vielleicht teilt Ihr Vierbeiner mit seinen kleinen Freunden?

Zum ersten Mal gebacken am:

APFEL-ZIMT-SCHNECKE

Zutaten	So geht's
500 g Weizenmehl 1 Tüte Trockenhefe (für 500 g Mehl) 50 ml Sonnenblumenöl ca. 150 ml lauwarmes Wasser 1 kleiner Apfel 100 g gemahlene Haselnüsse 1 Prise Zimt ca. 100 ml Wasser	1 Backofen auf 170 °C (Umluft) vorheizen. 2 Weizenmehl abwiegen und mit Trockenhefe vermischen. 3 Das Sonnenblumenöl und das Wasser zu dem Mehl geben. 4 Alles mit einem Handmixer oder einer Küchenmaschine zu einem glatten Teig verrühren und von Hand weitere drei Minuten kneten. 5 Den Teig mit ein wenig Weizenmehl zurück in die Schüssel geben, mit einem Geschirrtuch abdecken und 30 Minuten ruhen lassen. 6 Den Apfel waschen und mit den Haselnüssen, dem Zimt und dem Wasser pürieren. 7 Anschließend kneten Sie den Teig noch einmal kräftig durch und rollen ihn auf einer bemehlten Arbeitsfläche ca. 5 mm dick aus. 8 Mit einem großen Messer schneiden Sie ca. 1 cm breite und 4 cm lange Streifen und bestreichen diese mit der Apfel-Nuss-Mischung. 9 Rollen Sie einzelne Schnecken und setzen Sie diese dicht an dicht auf das Backblech. 10 Die Schnecken backen bei 160 °C ca. 20 Minuten.
Utensilien	
Handstabmixer, Teigrolle	

TIPP Die Apfel-Zimt-Schnecken sollten Sie nicht länger als 4 Tage lagern.

Zum ersten Mal gebacken am:

AUFGEPASST! REZEPTE ZUM TRAINIEREN

Am Donnerstag hatte Billy in seinem ersten Lebensjahr immer einen wichtigen Termin. Ob er das auch so gesehen hat, ist natürlich eine andere Frage. Eine Stunde bei seiner Düsseldorfer Hundeschule „Knochenarbeit" verlangte von ihm höchste Konzentration. Sehr anstrengend, aber eine ganze lange Stunde nur für uns beide – eben echte Knochenarbeit.

Na ja, eigentlich könnte man auch den Eindruck bekommen, Billy kann alles. Er lernt sehr schnell, auch noch mit sechs Jahren. Und nur ich, sein Mensch, muss lernen, mit ihm zu kommunizieren. Hunde- oder Herrchenschule? Was meinen Sie? Einen Trick gibt es aber immer: Lob und besonders köstliche Kekse als Belohnung.

Von Woche zu Woche verstehe ich ihn besser und das auch ohne Worte. Schade, dass er mir das nie bestätigen wird. Viele unserer vierbeinigen Kunden kommen schwanzwedelnd in unser Geschäft gelaufen, oft schon Minuten vor ihrem Besitzer. Und meist wissen wir dann auch, welches ihre Lieblingskekse sind. Das ist das beste „Dankeschön", auch ohne Worte.

Wir stellen Ihnen sechs Rezepte für Trainingsleckerchen vor. Backen Sie mal das Rezept nach, das wir für Billys Hundeschule „Knochenarbeit" entwickelt haben.

KNOCHENARBEIT

Zutaten	So geht's
400 g Reismehl ca. 100 g Hühnerbrust 1 Teelöffel gehackte Petersilie ca. 250 ml Wasser	1 Backofen auf 160 °C (Umluft) vorheizen und das Backblech mit Backpapier auslegen. 2 Das Reismehl abwiegen. 3 Die Hühnerbrust in Wasser kochen und abkühlen lassen. 4 Anschließend mit 250 ml der Brühe mit einem Stabmixer pürieren. 5 Alle Zutaten mit einem Handmixer oder einer Küchenmaschine zu einem glatten Teig verrühren. 6 Mit den Fingern kleine Nuggets zupfen und auf das Backblech legen. 7 Bei 160 °C ca. 20 Minuten backen.
Utensilien	
Kochtopf, Stabmixer	

TIPP Lassen Sie Knochenarbeit über Nacht auf dem Blech trocknen. So sind Ihre Kekse mindestens drei Wochen haltbar.

Petersilie ist harntreibend und kann leicht abführend wirken. Sie vertreibt Mundgeruch.

Zum ersten Mal gebacken am:

KÄSESTICKS

Zutaten	So geht's
300 g Weizenmehl 50 g Haferkleie 50 g Hartweizengrieß 100 g geriebener Emmentaler 1 Ei 25 ml Sonnenblumenöl ca. 200 ml Wasser	1 Backofen auf 150 °C (Umluft) vorheizen und Backblech mit Backpapier auslegen. 2 Weizenmehl, Haferkleie und Hartweizengrieß abwiegen und vermischen. 3 Den Käse, das Ei, das Sonnenblumenöl und das Wasser hinzufügen. 4 Alles mit einem Handmixer oder einer Küchenmaschine zu einem glatten Teig verrühren. 5 Den Teig auf einer bemehlten Arbeitsfläche 5 mm dick ausrollen. 6 Mit einem großen Messer 1 cm breite Streifen in ca. 10 cm Länge schneiden. 7 Die Teigstreifen wie einen Korkenzieher zwirbeln. 8 Die Käsesticks auf das Backblech legen und bei 150 °C ca. 20 Minuten backen.
Utensilien	
Teigrolle	

TIPP Salzen Sie die Hälfte der Teigmenge, und schon haben Sie einen köstlichen Snack für sich selbst gebacken.

Variante Sie können auch andere Käsesorten, z. B. Parmesan oder Edamer, verwenden.

Zum ersten Mal gebacken am:

NÜSSLI

Zutaten	So geht's
200 g Weizenmehl 100 g Polenta 50 g geriebene Walnüsse 50 g geriebene Haselnüsse 50 g gehackte Pistazien 100 g Magerjoghurt ca. 100 ml lauwarmes Wasser	1 Backofen auf 160 °C (Umluft) vorheizen und das Backblech mit Backpapier auslegen. 2 Weizenmehl und Polenta abwiegen. 3 Walnüsse, Haselnüsse und Pistazien abwiegen. 4 Magerjoghurt mit allen Zutaten vermischen. 5 Alle Zutaten mit einem Handmixer oder einer Küchenmaschine verrühren. 6 Lauwarmes Wasser nach und nach dazugeben. Der Teig sollte nicht klebrig sein. Ansonsten etwas Mehl hinzufügen. 7 Den Teig auf einer bemehlten Arbeitsfläche ca. 3 mm dick ausrollen, runde Kekse ausstechen und auf das Backblech legen. 8 Mit einem scharfen Messer die Kekse einschneiden. So können Sie sie später leicht durchbrechen. 9 Bei 160 °C ca. 20 Minuten backen.
Utensilien	
Teigrolle, runde Ausstechform, Messer	

TIPP Nüsslis kann man auch in kleine Würfel schneiden und erhält so ein fettarmes Trainingsleckerchen.

Zum ersten Mal gebacken am:

THUNFISCHKNÄCKE

Zutaten	So geht's
250 g Dinkelmehl ½ Tüte Trockenhefe (für 250 g Mehl) 1 Dose Thunfisch (in Wasser eingelegt, ca. 80 g Abtropfgewicht) 1 Teelöffel getrockneter Rosmarin 25 ml Olivenöl ca. 175 ml warmes Wasser	1 Backofen auf 160 °C (Umluft) vorheizen und Backblech mit Backpapier auslegen. 2 Dinkelmehl abwiegen und mit Trockenhefe vermischen. 3 Die Dose Thunfisch öffnen und den Fisch gut abtropfen lassen. 4 Den Thunfisch, das Olivenöl, den Rosmarin und das Wasser zu dem Mehl geben. 5 Alles mit einem Handmixer oder einer Küchenmaschine zu einem glatten Teig verrühren und von Hand weitere 3 Minuten kneten. 6 Den Teig mit ein wenig Dinkelmehl zurück in die Schüssel geben, mit einem Geschirrtuch abdecken und 30 Minuten ruhen lassen. 7 Anschließend kneten Sie den Teig noch einmal kräftig durch und rollen ihn auf einer bemehlten Arbeitsfläche ca. 5 mm dick aus. 8 Mit einem großen Messer schneiden Sie ca. 1 cm breite und 4 cm lange Streifen. 9 Die Keksstreifen auf das Backblech legen und bei 160 °C ca. 20 Minuten backen.
Utensilien	
Teigrolle, Geschirrtuch	

TIPP Dinkelmehl ist nicht ganz einfach zu verarbeiten. Der Teig kann schnell kleben. Fügen Sie dann einfach etwas mehr Mehl hinzu.

Zum ersten Mal gebacken am:

BILLS BEST

Zutaten	So geht's
180 g Polenta (Maisgrieß) 75 g Weizenmehl 1 Banane 1 Ei 50 g gemahlene Walnüsse 25 ml Sonnenblumenöl	1 Backofen auf 160 °C (Umluft) vorheizen und Backblech mit Backpapier auslegen. 2 Polenta, Weizenmehl und Walnüsse abwiegen und vermischen. 3 Banane mit Gabel zerdrücken und zu der Mehlmischung geben. 4 Das Ei und das Sonnenblumenöl hinzufügen. 5 Alles mit einem Handmixer oder einer Küchenmaschine zu einem glatten Teig verrühren. Evtl. warmes Wasser hinzufügen. 6 Den Teig auf einer bemehlten Arbeitsfläche ca. 5 mm dick ausrollen. 7 Mit einem großen Messer kleine Würfel (ca. 5 x 5 mm) schneiden. 8 Die Kekse auf das Backblech legen und bei 160 °C ca. 20 Minuten backen.
Utensilien	
Teigrolle	

Variante Sie können statt der Walnüsse auch gehackte Haselnüsse verwenden.

Billy hasst frische Bananen. Aber in diesem Keks frisst er sie gerne mit. Oder vielleicht schmeckt er sie auch nicht heraus?

Zum ersten Mal gebacken am:

RÜBLI-ECKEN

Zutaten	So geht's
250 g Weizenmehl ca. 100 g frische Karotten 25 ml Sonnenblumenöl ca. 200 ml Wasser 50 g gewürfelter Katenschinken 2 Teelöffel gehackte Petersilie **Utensilien** Handstabmixer, Teigrolle	1 Backofen auf 170 °C (Umluft) vorheizen. 2 Weizenmehl abwiegen. 3 Die Karotten in Scheiben schneiden und mit dem Wasser und dem Sonnenblumenöl im Mixer pürieren. 4 Mit allen Zutaten mischen und mit einem Handmixer zu einem glatten Teig verrühren. 5 Den Teig auf einer bemehlten Arbeitsfläche ca. 1 cm dick ausrollen. 6 Schneiden Sie ca. 1 cm breite Quadrate und teilen Sie diese in Dreiecke. 7 Die Rübli-Ecken auf das Backblech legen und bei 170 °C ca. 20 Minuten backen.

Billy mag frische Karotten eigentlich nicht besonders gerne. Für Rübli-Ecken macht er allerdings alles, fast alles. Mit Speck fängt man braune Labradorrüden. Er genießt diese allerdings nur in Maßen, da der Katenschinken salzig ist.

Zum ersten Mal gebacken am:

BLEIB GESUND! REZEPTE OHNE WEIZEN

„Verraten Sie uns bitte, wie alt Ihr Hund ist“, das ist eine der vielen Fragen, die ein neuer Kunde bei DOG'S DELI beantworten muss. Und das ist schon wichtig, so zumindest unsere Erfahrung. Welpen sollten noch nicht zuviel Fett fressen und ältere Hunde haben oft Probleme mit ihren Zähnen. Also suchen wir für diese dann weiche und besonders köstliche Leckerchen aus. Ein Senior hat in seinem langen Hundeleben schon vieles probiert und weiß natürlich selbst am besten, was ihm gut schmeckt.

Wichtig ist es auch, gegebenenfalls Futtermittel-Unverträglichkeiten Ihres Hundes zu kennen. Dann finden wir bestimmt einen weizen- oder laktosefreien Keks in unserem Sortiment. Holen Sie sich unbedingt Rat bei Ihrem Tierarzt, wenn Ihr Hund mit seinem Futter Probleme hat. Gehen Sie mit ihm gemeinsam unsere Rezepte durch und backen Sie dann ein geeignetes Leckerchen für Ihren Hund. Sie können auch einfach Zutaten tauschen, zum Beispiel Weizenmehl durch Dinkelmehl ersetzen. Backen Sie vielleicht mal „Indians“, ein Rezept mit Kichererbsenmehl, oder „Fresh“, einen Keks aus Reismehl, nach. Beide sind in jedem Fall ohne Gluten.

Wir freuen uns sehr, dass das Bewusstsein der Hundebesitzer für gesunde Ernährung in den letzten Jahren so gestiegen ist. Die Gesundheit Ihres Vierbeiners liegt DOG'S DELI besonders am Herzen.

INDIANS

Zutaten	So geht's
200 g Kichererbsenmehl 1 gestrichener Teelöffel Backpulver 100 g frische Hühnerbrust 1 Esslöffel gehackte frische Petersilie ca. 75 ml Wasser	1 Backofen auf 160 °C (Umluft) vorheizen und Backblech mit Backpapier auslegen. 2 Hühnerbrust in Wasser ca. 15 Minuten kochen und abkühlen lassen. 3 Hühnerbrust mit Wasser pürieren. 4 Petersilie waschen und fein hacken. 5 Kichererbsenmehl abwiegen und mit Backpulver mischen. 6 Alle Zutaten mit einem Handmixer oder einer Küchenmaschine zu einem glatten Teig verrühren. 7 Den Teig auf einer bemehlten Arbeitsfläche 1 cm dick ausrollen. 1 cm breite Streifen schneiden und jeweils zu einer Rolle formen. 8 Mit einem Messer 5 mm dicke Scheiben schneiden und auf das Backblech legen. 9 Die Kekse bei 160 °C ca. 20 Minuten backen.
Utensilien	
Kochtopf, Handstabmixer, Teigrolle	

TIPP Kichererbsenmehl haben wir durch Zufall im japanischen Supermarkt entdeckt. Hergestellt wird es in England für indische Gerichte. Es ist eine gute Basis für Keksrezepte, die für Getreideallergiker geeignet sind.

Zum ersten Mal gebacken am:

SOJA-CRUNCHIES

Zutaten	So geht's
100 g Sojamehl 200 g Sojaflocken 50 g Sojakerne 50 g Hüttenkäse 50 g gehackter Tiefkühlspinat 1 Ei 25 ml Sonnenblumenöl	**1** Backofen auf 170 °C (Umluft) vorheizen und das Backblech mit Backpapier auslegen. **2** Sojamehl, Sojaflocken, Sojakerne und Hüttenkäse abwiegen und vermischen. **3** Aufgetauten Tiefkühlspinat hinzugeben. **4** Alle Zutaten mit dem Sonnenblumenöl und dem Ei mit einem Handmixer oder einer Küchenmaschine gut verrühren. **5** Mit den Fingern kleine Kugeln mit ca. 1 cm Durchmesser formen. **6** Die Soja-Crunchies auf das Backblech legen. **7** Bei 170 °C ca. 25 Minuten backen und anschließend einige Stunden nachtrocknen lassen.

TIPP Sojaprodukte erhalten Sie in jedem gut sortierten Bioladen. Verwenden Sie ausschließlich Produkte, die nicht gentechnisch behandelt wurden.

Billy genießt den übrig gebliebenen Hüttenkäse mit einem Teelöffel Honig. Hüttenkäse ist gut verträglich und fettarm.

Zum ersten Mal gebacken am:

FRESH

Zutaten	So geht's
400 g Reismehl 1 Apfel 100 g Magerquark 1 kleiner Bund frische Minze ca. 150 ml Wasser	1 Backofen auf 160 °C (Umluft) vorheizen und Backblech mit Backpapier auslegen. 2 Das Reismehl und den Quark abwiegen. 3 Den Apfel mit Schale vierteln und mit dem Wasser pürieren. 4 Die Minze waschen und fein hacken. 5 Alles mit einem Handmixer oder einer Küchenmaschine zu einem glatten Teig verrühren. 6 Mit den Fingern kleine Nuggets zupfen und auf das Backblech legen. 7 Bei 160 °C ca. 20 Minuten backen.
Utensilien	
Handstabmixer	

TIPP Reismehl können Sie in einem gut sortierten Asia-Laden kaufen.

DOG'S DELI verwendet dieses thailändische Produkt. Hunde mit einer Allergie gegen Getreide können diesen Keks fressen, da diese Mehlsorte zu 100 % aus Reis besteht. Darüber hinaus ist Fresh ist ein sehr fettarmes Leckerchen.

Zum ersten Mal gebacken am:

CROSSIES

Zutaten	So geht's
200 g grobe Haferflocken 125 g feine Haferflocken 100 g Kokosflocken 100 ml Milch 25 ml Sonnenblumenöl 2 Eier	**1** Backofen auf 175 °C (Umluft) vorheizen und Backblech mit Backpapier auslegen. **2** Haferflocken und Kokosflocken abwiegen und vermischen. **3** Milch, Eier und Sonnenblumenöl hinzufügen. **4** Alles mit einem Handmixer oder einer Küchenmaschine gut verrühren. **5** Mit den Fingern kleine Kugeln mit ca. 2 cm Durchmesser formen. **6** Die Crossies auf das Backblech legen. **7** Bei 175 °C ca. 25 Minuten backen und anschließend einige Stunden gut nachtrocknen lassen.

TIPP Spülen Sie sich beim Formen der Crossies ab und zu die Finger mit kaltem Wasser ab. Dann klebt der Teig nicht so sehr.

Backen Sie doch mal eine Variante

Ersetzen Sie die Kokosflocken durch 50 g gehackte frische Zucchini oder 50 g geraspelte Karotten. Auch mit 50 g frischen gehackten Früchten der Saison, wie Aprikosen oder Erdbeeren, schmecken die Crossies köstlich. Sie sollten sie dann allerdings innerhalb einer Woche verfüttern.

Zum ersten Mal gebacken am:

HIMMEL UND ERDE

Zutaten	So geht's
300 g Roggenmehl 100 g zarte Haferflocken	1 Backofen auf 170 °C (Umluft) vorheizen und das Backblech mit Backpapier auslegen. 2 Roggenmehl und Haferflocken abwiegen und vermischen.
1 kleiner Apfel 1 mittelgroße gekochte Kartoffel 60 g Katenschinken in Würfeln 25 ml Sonnenblumenöl ca. 100 ml warmes Wasser	3 Die gekochte Kartoffel und den Apfel in Würfel schneiden und mit dem Sonnenblumenöl und dem Wasser mit dem Stabmixer fein pürieren. 4 Mit dem Katenschinken und den übrigen Zutaten zu einem glatten Teig verrühren. Bei Bedarf noch ein bisschen Wasser hinzufügen.
Utensilien	5 Den Teig auf einer bemehlten Arbeitsfläche ca. 3 mm dick ausrollen und mit einer Ausstechform Herzen ausstechen.
Stabmixer, Teigrolle, Herzausstecher	6 Die Kekse auf ein Backblech legen und bei 170 °C ca. 20 Minuten backen.

TIPP Die Kekse gut austrocknen lassen und in einer Blech- oder Keramikdose aufbewahren. Sie sind ca. sechs Wochen haltbar.

Zum ersten Mal gebacken am:

KARTOFFELCHIPS MIT PARMESAN

Zutaten	So geht's
500 g frische Kartoffeln 50 g geriebener Parmesan	1 Backofen auf 60 °C (Umluft) vorheizen und das Backblech mit Backpapier auslegen. 2 Die Kartoffeln unter Wasser abbürsten. 3 Die Kartoffeln mit dem Gemüsehobel oder einem Messer in dünne Scheiben schneiden. 4 Die Kartoffelscheiben auf dem Backblech verteilen. Achten Sie darauf, dass die Kartoffeln nicht übereinander liegen. 5 Bei 60 °C ca. 90 Minuten trocknen. 6 Den Parmesan auf die Kartoffelscheiben streuen. 7 Für weitere 10 Minuten trocknen. 8 Anschließend das Blech aus dem Ofen herausnehmen und die Kartoffeln über Nacht trocknen lassen.
Utensilien	
Gemüsehobel oder scharfes Messer	

TIPP Bewahren Sie die Chips in einem Leinenbeutel auf, sodass sie weiter trocknen können.

Backen Sie doch mal eine Variante

Sie können jede Gemüsesorte trocknen, z. B. Karotten oder Zucchini. Auch Obst, wie z. B. Bananen oder Äpfel eignen sich hervorragend.

Zum ersten Mal gebacken am:

Maggi ______________________

HEISS!
REZEPTE FÜR DEN FRESSNAPF

Viele Kunden haben uns erzählt, dass sie manchmal für Ihren Vierbeiner kochen. Der erste Anlass ist oft eine Futtermittelunverträglichkeit des Hundes. Oder der Liebling ist eben ein wahrer Gourmet und verschmäht Fertigfutter. Ein hochwertiges Futter ist die Grundvoraussetzung für ein gesundes und langes Hundeleben. Achten Sie auf die Zusammensetzung, den prozentualen Fleischgehalt und die Verwendung von Konservierungsmitteln, Zucker und Aromen.

In den letzten Jahren folgte die Futtermittelindustrie den Trends in der Lebensmittelbranche. Fertigmahlzeiten, bequem und schnell zubereitet, ohne extra Aufwand verfüttert. Warum sollte man Gemüse und Kartoffeln schälen und kochen, wenn es diese doch als Flocken zu kaufen gibt. Dabei ist Kochen so einfach, macht Spaß und ist noch dazu viel gesünder und ohne Konservierungsmittel und Aromen. Verwenden Sie Gemüsesorten, Nudeln, Reis oder Kartoffeln. Eben all das, was Sie zur Hand haben und vielleicht sowieso für sich zubereiten möchten. Zwiebeln, grüne Paprika und Weintrauben sollten Sie nicht verfüttern. Kombinieren Sie auch Süßkartoffeln mit Pute und Karotten oder Pastinaken mit Pangasius. Probieren Sie es aus und überraschen Sie Ihren Hund mit einer besonderen Mahlzeit.

Wir stellen Ihnen fünf Rezepte zum Nachkochen vor. Die Portionen sind für einen mittelgroßen Hund wie Billy bemessen. Viel Spaß beim Nachkochen!

FRITTATA

Zutaten	So geht's
3 Eier 100 ml Milch 1 Teelöffel Sonnenblumenöl	1 Die Eier in der kleinen Schüssel aufschlagen und mit Hilfe einer Gabel mit der Milch verquirlen. 2 Das Sonnenblumenöl in der Pfanne erhitzen. 3 Die Eimischung in die Pfanne geben und ca. 2 Minuten von jeder Seite anbraten. 4 Aus der Pfanne nehmen und abkühlen lassen.
Utensilien	
Pfanne, kleine Schüssel	

TIPP Bereiten Sie sich auch eine Frittata zu. Dazu müssen Sie lediglich Ihre Portion mit Salz und Pfeffer würzen und können dann gemeinsam mit Ihrem Vierbeiner frühstücken.

Billy genießt manchmal Frittata mit drei gekochten Kartoffeln. Und schon ist es eine Hauptmahlzeit für ihn.

Zum ersten Mal gekocht am:

Rinderschmaus
DOG'S DELI®

RINDERSCHMAUS

Zutaten	So geht's
200 g Rindfleisch (Suppenfleisch) 125 g Reis Einige Blatt glatte Petersilie ca. 750 ml Wasser	**1** Das Rindfleisch in kleine Stücke schneiden und in ca. 500 ml Wasser ca. 30 Minuten kochen. **2** Rindfleisch in der Brühe abkühlen lassen. **3** Petersilie waschen, hacken und zu dem Rindfleisch geben. **4** Den Reis abwiegen und mit 250 ml kaltem Wasser im Kochtopf aufsetzen. Bei schwacher Hitze ca. 15 Minuten gar kochen und abgießen. **5** Reis mit dem Fleisch, der Petersilie und der Brühe mischen.
Utensilien	
Zwei Kochtöpfe, Sieb zum Abgießen, scharfes Messer	

TIPP Kochen Sie drei Portionen und frieren Sie zwei davon ein. So haben Sie immer eine besondere Mahlzeit für Ihren Vierbeiner griffbereit.

Zum ersten Mal gekocht am:

LACHSSCHMAUS

Zutaten	So geht's
200 g Lachsfilet 100 g kleine Kartoffeln 1 kleine Zucchini ca. 800 ml Wasser	1 Das Lachsfilet in 300 ml kaltem Wasser im Topf bei mittlerer Hitze ca. 10 Minuten garen. Im Kochwasser abkühlen lassen. 2 Die Zucchini waschen und in kleine Würfel schneiden. Nach 7 Minuten Kochzeit die Zucchiniwürfel zum Lachs in den Topf geben und die verbleibenden 3 Minuten mitkochen. 3 Die Kartoffeln unter fließendem Wasser gut abbürsten und in einem Topf mit 500 ml Wasser zum Kochen bringen. 4 Nach ca. 15 Minuten (Garprobe mit einer Gabel) die Kartoffeln abgießen, abkühlen lassen und halbieren. 5 Kartoffeln zu dem Lachs und den Zucchiniwürfeln geben.
Utensilien	
Zwei kleine Töpfe, Schneidebrett, scharfes Messer, Sieb zum Abgießen	

Kartoffeln dürfen nur gekocht verfüttert werden. Bieten Sie Ihrem Hund alternativ mal gekochte Pastinaken an.

Billy liebt Lachs. Lachs ist sehr gesund und kalorienarm.

Zum ersten Mal gekocht am:

HÜHNCHENSCHMAUS

Zutaten	So geht's
1 frische Hühnerbrust (ca. 200 g) 125 g Reis 1 mittelgroße Karotte ca. 500 ml Wasser	1 Die Hühnerbrust in kleine Stücke schneiden. 2 Die Karotte waschen und in Scheiben schneiden. 3 250 ml Wasser zum Kochen bringen, Hühnchen und Karottenscheiben ca. 10 Minuten köcheln. In der Brühe abkühlen lassen. 4 Den Reis abwiegen und mit 250 ml kaltem Wasser im Kochtopf aufsetzen. Bei schwacher Hitze ca. 15 Minuten gar kochen und abgießen. 5 Hühnchen, Karotten und Reis mit der Brühe mischen.
Utensilien	
2 Kochtöpfe, Sieb zum Abgießen	

Karotten werden von jedem Hund gerne gefressen, da sie süßlich schmecken. Sie enthalten viel Karotin, das gut für die Augen, das Fell und den Darm ist.

Billy hat als Welpe oft eine rohe Karotte zum Knabbern bekommen. Eine gute, fettlose Alternative zur Rinderkopfhaut.

Zum ersten Mal gekocht am:

QUARK MIT FRISCHEN FRÜCHTEN

Zutaten	So geht's
200 g Magerquark 50 ml Milch 3 Esslöffel grobe Haferflocken 75 g frisches Obst: z. B. Apfel, Birne oder Banane Eine Handvoll Haselnüsse oder Walnüsse, Sonnenblumenkerne oder Kokosnusswürfel 1 Esslöffel Honig oder Ahornsirup	1 Quark mit Milch glatt rühren. 2 Haferflocken dazugeben. 3 Das Obst waschen, schälen und klein schneiden und unterrühren. 4 Gehackte Nüsse, Sonnenblumenkerne und Honig hinzufügen.

Billy liebt Milchprodukte sehr. Er darf manchmal den Rest direkt aus einem Quark- oder Joghurtbecher schlecken. Eine wunderbare Beschäftigung für ihn.

Zum ersten Mal zubereitet am:

DOG'S DELI

DANKE

Eine Bäckerei, ausschließlich für Hundekekse, so eine verrückte Idee. So dachten anfangs Viele, vor allem diejenigen, die keinen eigenen Hund hatten. Die ersten Rezepte sind schon 2005 zu Hause in unserer Küche entstanden und das unter steter Beobachtung von Billy.

Seit der Eröffnung von DOG'S DELI im Jahr 2006 haben wir bis heute über 60 Rezepte entwickelt. Und das auch, weil Sie immer wieder nach neuen Keksen gefragt und uns so manche Anregung gegeben haben. Vielen Dank!

Und wenn Sie mehr über DOG'S DELI und unsere Bücher wissen möchten, besuchen Sie uns auf unserer Internetseite **www.dogsdeli.de**.

Wir freuen uns auf Sie und Ihren Hund!

DOG'S DELI®